BEI GRIN MACHT SICH IHR WISSEN BEZAHLT

- Wir veröffentlichen Ihre Hausarbeit, Bachelor- und Masterarbeit

- Ihr eigenes eBook und Buch - weltweit in allen wichtigen Shops

- Verdienen Sie an jedem Verkauf

Jetzt bei www.GRIN.com hochladen und kostenlos publizieren

Bibliografische Information der Deutschen Nationalbibliothek:

Die Deutsche Bibliothek verzeichnet diese Publikation in der Deutschen Nationalbibliografie; detaillierte bibliografische Daten sind im Internet über http://dnb.d-nb.de/ abrufbar.

Dieses Werk sowie alle darin enthaltenen einzelnen Beiträge und Abbildungen sind urheberrechtlich geschützt. Jede Verwertung, die nicht ausdrücklich vom Urheberrechtsschutz zugelassen ist, bedarf der vorherigen Zustimmung des Verlages. Das gilt insbesondere für Vervielfältigungen, Bearbeitungen, Übersetzungen, Mikroverfilmungen, Auswertungen durch Datenbanken und für die Einspeicherung und Verarbeitung in elektronische Systeme. Alle Rechte, auch die des auszugsweisen Nachdrucks, der fotomechanischen Wiedergabe (einschließlich Mikrokopie) sowie der Auswertung durch Datenbanken oder ähnliche Einrichtungen, vorbehalten.

Impressum:

Copyright © 2012 GRIN Verlag, Open Publishing GmbH
Druck und Bindung: Books on Demand GmbH, Norderstedt Germany
ISBN: 9783668585478

Dieses Buch bei GRIN:

http://www.grin.com/de/e-book/382938/unterrichtsentwurf-zur-erkennung-und-benennung-von-exponentiellen-wachstums

Steffen Weber

Unterrichtsentwurf zur Erkennung und Benennung von exponentiellen Wachstums- und Zerfallsprozessen. Sprungeigenschaften eines Flummis

GRIN Verlag

GRIN - Your knowledge has value

Der GRIN Verlag publiziert seit 1998 wissenschaftliche Arbeiten von Studenten, Hochschullehrern und anderen Akademikern als eBook und gedrucktes Buch. Die Verlagswebsite www.grin.com ist die ideale Plattform zur Veröffentlichung von Hausarbeiten, Abschlussarbeiten, wissenschaftlichen Aufsätzen, Dissertationen und Fachbüchern.

Besuchen Sie uns im Internet:

http://www.grin.com/

http://www.facebook.com/grincom

http://www.twitter.com/grin_com

Thema der Unterrichtsreihe:
Exponentielle Wachstums- und Zerfallsprozesse

Thema der Unterrichtsstunde:
Einführung des exponentiellen Zerfalls am Beispiel eines Schülerexperiments

Inhalt

1 Analyse der pädagogischen Situation und der fachlichen Voraussetzungen 3

    1.1 Äußere Bedingungen 3

    1.2 Lerngruppenanalyse 3

    1.3 Lernstandsanalyse 4

2 Didaktisch-methodische Überlegungen zur Unterrichtsreihe 6

3 Didaktisch-methodische Überlegungen zur Unterrichtsstunde 7

4 Literatur: 9

1 Analyse der pädagogischen Situation und der fachlichen Voraussetzungen

1.1 Äußere Bedingungen

Die vorliegende Unterrichtsstunde wird in der Klasse 11a der in L. durchgeführt, welche ich seit Beginn dieses Schuljahres eigenverantwortlich unterrichte. Der Unterricht findet montags (1. und 2. Stunde) sowie donnerstags (3. und 4. Stunde) in Raum D104 statt. Der für die vorliegende Stunde vorgesehen Unterrichtsraum entspricht nicht dem eigentlichen Klassenraum, da dieser für das geplante Unterrichtsvorhaben nicht genügend räumliche Entfaltungsmöglichkeiten bietet. Die SuS sind durch vorrangegangene Unterrichtsvorhaben bereits an diesen Raum gewöhnt, so dass aufgrund des Raumwechsels nicht mit Störungen gerechnet wird.

1.2 Lerngruppenanalyse

Die Klasse besteht aus 29 Lernenden, davon 9 Schüler und 20 Schülerinnen. Trotz dieser starken Geschlechterdifferenz lassen sich unter den SuS keinerlei abweichende Verhaltensmuster aufzeigen. Auffällig ist allerdings die gesteigerte Lebhaftigkeit der Schüler im Vergleich zu den Schülerinnen. Diese arbeiten überwiegend konzentrierter und motivierter, als ihre männlichen Klassenkameraden, welche sich vermehrt durch außerschulische Gedanken ablenken lassen.

Eine Ursache für die geringere Konzentrationsfähigkeit der männlichen Jugendlichen liegt möglicherweise darin begründet, dass sich diese verstärkt in der Phase der Adoleszenz befinden. Durch kurze Ermahnungen lassen sich solche Störungen in den meisten Fällen schnell beseitigen. Die Schülerinnen befinden sich vermutlich schon in einer späteren Entwicklungsphase, in der dem Schulabschluss eine größere Bedeutung zugemessen wird. Lediglich die Schülerinnen Louisa, Gamze und Djamila fallen häufig durch mangelnde Arbeitsbereitschaft und Lustlosigkeit auf.

Trotz dieses Phänomens, als auch vor dem Hintergrund eines stark vorherrschenden Leistungsgefälles (s. Kapitel 1.2) innerhalb der Klasse, arbeiten die SuS unter Berücksichtigung der individuellen Lernvoraussetzungen überwiegend gut im Unterricht mit und sind grundsätzlich am Lernerfolg interessiert. Freiwillige Angebote in Form von Zusatzaufgaben oder Arbeitsblättern außerhalb der Schule werden allerdings nur sehr selten genutzt. Niklas, Gamze, Louisa und Daniel ziehen sich häufig aus Arbeitsprozessen zurück und machen durch störendes Verhalten auf sich aufmerksam. Auch hier genügt in der Regel eine direkte Ansprache der jeweiligen SuS durch die Lehrkraft, um eine Besserung herbeizuführen.

Eine weitere Besonderheit in Bezug auf die Zusammensetzung der Lerngruppe ergibt sich aus der Tatsache, dass mehrere SuS zu Beginn dieses Schuljahres von der Realschule auf den gymnasialen Zweig gewechselt sind. Dies ist mit unter ein Grund für das große Leistungsgefälle innerhalb der Klasse (s.

Kapitel 1.2). Eine leichte Gruppenbildung entsprechend der Sitzordnung wird vermutet. Eine Ausgrenzung einzelner Schüler ist jedoch nicht bekannt.

Trotz erkennbarer Sympathien zwischen einzelnen SuS herrscht insgesamt ein freundlicher Umgang untereinander. Auch hat sich in den vorangegangenen Stunden gezeigt, dass ein Zusammenarbeiten in heterogenen Gruppen möglich ist.

Einer kurzen Erwähnung bedürfen die Schülerinnen Hanna, Nadine, Chantalle und Julia, welche häufig aufgrund ihrer zurückhaltenden Art in der Gruppe drohen unter zu gehen. Dies ist nach Rücksprache mit dem Tutor auch in anderen Unterrichtsfächern der Fall und somit nicht auf die Situation im Mathematikunterricht zurückzuführen. Hier sehe ich meine Aufgabe darin, die Schülerinnen bei Bedarf zu ermutigen, sich stärker in den Prozess einzufügen, sowie die übrigen SuS daran zu erinnern, alle Mitschüler/innen in den Prozess zu integrieren.

Zuletzt ist zu meiner Rolle als Lehrperson zu sagen, dass ich mich in der Lerngruppe wohl und akzeptiert fühle. Die Schüler sind grundsätzlich bereit, meine Hilfe einzufordern und bei Problemen nachzufragen. Persönlich sehe ich mich als Lernbegleiter, der den SuS Denkanstöße vermittelt und keine vorgefertigten Musterlösungen.

1.3 Lernstandsanalyse

Die Grundsätze des Wissens über Exponentialfunktionen sollte den SuS durch die Verankerung des Themas im Lerplan aus der Sekundarstufe I bereits bekannt sein[2]. Dort wurden diese Funktionen in der zehnten Klasse behandelt. Laut Lehrplan sollen die SuS bereits Exponentialfunktionen auf Wachstums- und Abnahmeprozesse anwenden und dabei lineares und exponentielles Wachstum unterscheiden können. Zugleich sollten die SuS in der Lage sein, Beispiele sowohl für Wachstums-, als auch für Zerfallsprozesse zu benennen. Aus den vorangegangenen Stunden zum Thema des exponentiellen Wachstums wurde allerdings deutlich, dass sich das Vorwissen zahlreicher SuS auf die bloße Kenntnis der Funktionsart beschränkt. Auch fällt es vielen Lernenden schwer praktische Beispiele aus ihrer Umwelt zu benennen bzw. in einen mathematischen Zusammenhang zu übertragen.

Mit ursächlich für dieses Phänomen ist nach meiner Auffassung die Tatsache, dass mehrere ehemalige Realschüler zu diesem Schuljahr aufs Gymnasium gewechselt sind. Dies trägt verstärkt dazu bei, dass die SuS innerhalb der Klasse unterschiedliche fachliche Vorkenntnisse aufweisen.

Zusammenfassend lassen sich die fachlichen Kompetenzen der Lerngruppe trotz ihrer positiven Lernbereitschaft (s. Kapitel 1.1) als eher schwach einschätzen. Meine Beobachtungen aus den letzten Unterrichtseinheiten, sowie die Ergebnisse zweier Klausuren, bestätigen diese Einschätzungen.

Jana, Annika, Tuba und Alex sind Leistungsträger der Gruppe. Durch ihre Wortbeiträge tragen diese SuS einen entscheidenden Anteil zur Weiterführung des Unterrichts bei. Sie verfügen über ein gutes mathematisches

---

[2] vgl. Hessisches Kultusministerium – Lehrplan Mathematik für das Gymnasium (G9), S. 38

Wissen und zeichnen sich durch ihre regelmäßige Mitarbeit aus. Gelegentlich entsteht das Problem, dass Sie ihr Wissen und ihre Ergebnisse ihren Mitschülerinnen und Mitschülern nicht verständlich vermitteln können. Zu den leistungsschwachen SuS zählen Sandra, Julia, Iman, Leon, Niklas, Daniel und Djamila. Dies äußert sich unter anderem in der kaum vorhandenen mündlichen Mitarbeit. Diese SuS benötigen vermehrt Anschauungsmaterial und sind meist nur durch konkrete Hilfestellung der Lehrkraft oder der Mitschüler in der Lage ein mathematisches Problem zu lösen.

Nadine, Chantalle, Johanna K. und Jamina sind zurückhaltender. Bei konkreter Ansprache sind diese SuS jedoch meistens in der Lage sich am Unterrichtsgeschehen zu beteiligen und gute Beiträge einzubringen.

Die verbleibenden SuS sind zwar in der Lage bekannte Lösungsverfahren anzuwenden und Ergebnisse auf ihre Richtigkeit zu untersuchen, jedoch treten bei Fragestellungen mit bisher unbekannten Formulierungen häufig Probleme auf.

In den vorangegangenen Unterrichtseinheiten hat es sich als förderlich für den Unterrichtsprozess erwiesen, dass die stärkeren SuS nach Möglichkeit die schwächeren Kursmitglieder unterstützen. Es hat sich gezeigt, dass dem heterogenen Leistungsstand der Lernenden am ehesten in Form von Gruppenarbeitsphasen, welche durch das Prinzip des "Lernen durch Lehren[3]" geprägt sind, entsprochen werden kann. Trotz der eingeschränkten Methodenkompetenz einiger SuS, welche sich in der Schwierigkeit äußert die Arbeit innerhalb der Gruppe zielführend zu koordinieren, haben sich positive Auswirkungen auf den Lernzuwachs gezeigt. Des Weiteren lassen sich bei einigen SuS große Unsicherheiten bei der Präsentation von Ergebnissen an Tafel, bzw. Overheadprojektor (OHP) erkennen.

Auch für die vorliegende Unterrichtsstunde wird aufgrund der oben genannten positiven Auswirkungen auf den Lernzuwachs eine kooperative Unterrichtsform gewählt.

Die Sozialkompetenz innerhalb der Klasse befindet sich auf einem guten Niveau. Diese ist darin begründbar, dass sich die SuS trotz erkennbarer Gruppierungen innerhalb der Klasse im Rahmen ihrer Möglichkeiten gegenseitig unterstützen. Allgemein herrscht ein freundlicher und wertschätzender Umgang untereinander.

Hier sind insbesondere Jana, Tuba, Ayse, Annika und Jamina zu benennen, welche maßgeblich den Unterricht bereichern, indem sie ihren Mitschülerinnen und Mittschülern beratend und unterstützend zur Seite stehen.

Allgemein sehe ich sowohl im Bereich der Fachkompetenzen als auch der Methodenkompetenzen Entwicklungspotential und -bedarf.

Auf die inhaltlichen Anforderungen der vorliegenden Stunde wurden die SuS durch die vorangegangenen Stunden vorbereitet. Das exponentielle Wachstum wurde ausführlich behandelt, sowie weitestgehend alle erforderlichen Begrifflichkeiten, wie Wachstumsrate, Wachstumsfaktor und die wesentlichen Eigenschaften von Exponentialfunktionen, eingeführt und geübt.

---

[3] Vgl.Krüge R.: Projekt „Lernen durch Lehren". Schüler als Tutoren von Mitschülern, Klinkhardt, Bad Heilbronn 1975

2 Didaktisch-methodische Überlegungen zur Unterrichtsreihe

Die im Anschluss dargestellte Unterrichtsreihe zum Thema "Exponentialfunktionen" ergibt sich in erster Konsequenz aus dem hessischen Lehrplan für das Fach Mathematik [4]. Dieser beinhaltet eine wiederholende Betrachtung elementarer Funktionsklassen (u.a. der Exponentialfunktion) aus der Jahrgangsstufe 10.

Exponentialfunktionen beschreiben wichtige Wachstums- und Abnahmeprozesse sowohl in der Ökonomie, als auch in Natur und Technik. Die Kenntnis der Eigenschaften und Charakteristika von Exponentialfunktionen ist daher auch im Hinblick auf die gymnasiale Hochschulreife unerlässlich.

Exponentielle Wachstums- und Zerfallsprozesse begegnen den SuS in der heutigen Lebenswelt zum Beispiel bei der Verzinsung, bei Vermehrungen von Pflanzen und anderen Lebewesen, bei Abkühlprozessen und dem Zerfall von radioaktiven Elementen. Eine Vielzahl realitätsnaher Fragestellungen kann somit im Unterricht thematisiert werden.

In Unterscheidung zu linearem Wachstum, bei dem eine Größe immer um die Addition eines festen Betrags pro Periode positiv oder negativ wächst, nimmt bei exponentiellem Wachstum eine Größe in gleich großen Abschnitten immer um den gleichen Prozentsatz p (q = 1+ p %) zu oder ab. Innerhalb von n Abschnitten wächst oder sinkt die Größe dann um das q^n-fache des Ausgangswertes.

Die Feststellung, dass die SuS große Schwierigkeiten aufweisen praktische Beispiele aus ihrer Umwelt zu benennen und reale Situationen in einen mathematischen Zusammenhang zu übertragen, haben mich dazu veranlasst im Rahmen dieser Unterrichtseinheit eine stärkere Handlungsorientierung ins Zentrum des Unterrichts zu stellen.

Handlungsorientierter Unterricht geht davon aus, dass Lernen grundsätzlich ganzheitlich abläuft und somit Kopf- und Handarbeit in ein ausgewogenes Verhältnis gebracht werden. Er berücksichtigt dabei die unterschiedlichen Lerneingangskanäle und Lerntypen[5].

Im Fokus dieser Reihe steht, neben dem Erwerb fachlicher Kompetenzen, die Selbsttätigkeit der SuS und damit verbunden die Förderung der Selbstständigkeit der Lernenden. Ziel ist es die Selbststeuerung der SuS in der Planung, Durchführung und Auswertung von Handlungsprozessen zu fördern und somit die Fähigkeit zur Modellierung von Prozessen zu verbessern. Dies entspricht einer zentralen Forderung kompetenzorientierten Unterrichts[6].

Über dies hinaus ergibt sich im Kontext dieser Unterrichtsreihe ein verstärkter Bezug auf die Ausprägung von Sozial- und Teamkompetenz. Insbesondere eine Verbesserung der Kooperations- und Kommunikationsfähigkeiten wird aufgrund ihrer zentralen Stellung im handlungsorientierten Unterricht erwartet.

Im Vorfeld der vorliegenden Stunde haben wir uns bereits ausführlich mit dem exponentiellen Wachstum

---

[4] vgl. Hessisches Kultusministerium – Lehrplan Mathematik für das Gymnasium (G9), S. 47 - 49
[5] vgl. Leuders T.: Mathematik Didaktik, Praxishandbuch für die Sek. I und II., Cornelsen 2011, S. 185 - 187
[6] vgl. Hessisches Kultusministerium – Bildungsstandards Mathematik

beschäftigt. Exemplarisch wurden hier das "m&m Experiment", sowie eine ausführliche Anwendungsaufgabe zum Thema "Schneeballsystem Facebook" thematisiert. Im Unterrichtsbesuch soll nun der exponentielle Zerfall anhand eines handlungs- und schülerorientierten Experiments ("Das Flummiexperiment") für die SuS erfahrbar gemacht werden.

Im weiteren Verlauf der Unterrichtsreihe werden weitere Wachstumsvorgänge bzw. Zerfallsprozesse thematisiert und mit anderen Wachstumsprozessen, speziell mit linearen Prozessen, verglichen. Die Anwendungsorientierung soll dabei weiterhin im Vordergrund stehen.

3 Didaktisch-methodische Überlegungen zur Unterrichtsstunde

Die zu zeigende Stunde steht unter der Überschrift "Der Flummi - das Spielzeug der 1970er Jahre – vom Aussterben bedroht?".

Inhaltlichen Ankerpunkt dieser Stunde bildet die Frage, ob es den Flummi mit seinen in den 1970er Jahren definierten Sprungeigenschaften überhaupt noch gibt, oder ob hier von der Spielzeugindustrie eine Form von Etikettenschwindel vorliegt.

Ziel und Funktion dieser Stunde ist es die Schüler durch eine verstärkte Handlungsorientierung sowie einen direkten Anwendungsbezug in besonderem Maß für die Kerninhalte der Stunde zu motivieren.

Im Zentrum der Stunde steht das Erkennen und Benennen von exponentiellen Zerfallsprozessen sowie die Modellierung des aufgezeigten Problems.

Die Schüler erfahren, dass sich die Rückprallhöhe nicht linear zur Fallhöhe verändert, sondern einem exponentiellen Zerfallsprozess unterliegt. Je niedriger die Fallhöhe, desto geringer ist die Differenz zwischen Fallhöhe und Rückprallhöhe.

Aufgrund der zeitintensiven ersten Erarbeitungsphase werden die SuS bereits vor Beginn der Stunde in heterogene Gruppen eingeteilt. Ziel der Gruppenarbeit ist es, ganz nach dem Prinzip des "Lernen durch Lehren", sowohl den schwachen, als auch den leistungsstärkeren SuS im Sinne einer inneren Differenzierung gerecht zu werden. Insbesondere erhoffe ich mir durch die Gruppenzusammensetzung nach den oben beschriebenen Defiziten in der mathematischen Argumentationsfähigkeit, sowie den unterschiedlichen Lernausgangslagen, der SuS gerecht zu werden. Zugleich fördert diese Sozialform die Kooperations- und Kommunikationsfähigkeit (vgl. Lerngruppenanalyse) und bietet die Möglichkeit alle SuS unabhängig ihres Vorwissens zu aktivieren.

Nach einer kurzen Erläuterung zum Unterrichtsvorhaben, sowie Formulierung meiner Erwartungen an die Lernenden, erfolgt der Einstieg der Stunde durch Vorlesen der Problemstellung durch einen Schüler. Im Anschluss werden Vorschläge zur Lösung des Problems gesammelt. Die Antworten werden von mir nicht weiter kommentiert. Sinn dieser Phase ist es, die Lernenden zum Nachdenken anzuregen, bevor die eigentliche Erarbeitungsphase beginnt. Ich gehe davon aus, dass einige Lernende durch die Vorstellung geleitet sind, dass zwischen Fallhöhe und Rückprallhöhe ein linearer

Zusammenhang besteht und nur sehr wenige SuS die Vorstellung eines exponentiellen Zerfalls als Lösung des Problems sehen.

Zu Beginn der ersten Erarbeitungsphase erhalten die einzelnen Gruppen neben einem Arbeitsblatt jeweils einen Gummiball [7] und einen Zollstock. Anschließend werden die Lernenden zu Qualitätsprüfern ernannt, welche im Rahmen eines Experiments herausfinden sollen, ob es sich bei dem zu testenden Gummiball tatsächlich um einen Flummi bzw. Superball handelt, oder ob hier entsprechend der Leitfrage ein Etikettenschwindel vorliegt. Zusätzlich wird den Lernenden mitgeteilt, dass sie sehr wahrscheinlich die ersten sind, die sich mit dieser Fragestellung beschäftigen[8]. Auf diese Weise erhoffe ich mir, dass die SuS sich persönlich angesprochen fühlen und darüber hinaus eine größere Motivation hinsichtlich der Fragestellung entwickeln.

Da die Lernenden in den vorangegangenen Unterrichtseinheiten große Schwierigkeiten darin aufwiesen, offene Aufgabenstellungen zielführend zu bearbeiten, habe ich mich für eine etwas geschlossenere Aufgabenstellung entschieden. Im Fokus der ersten Erarbeitungsphase stehen daher zunächst die Durchführung des Experiments, sowie das Ausfüllen der Wertetabelle und die graphische Darstellung der Ergebnisse. Um zusätzlich für eine bessere Koordination innerhalb der Gruppe zu sorgen werden den SuS von mir verschiedene Rollen zugewiesen. Aus Gründen der Zeitersparnis und der besseren Vergleichbarkeit wird den Lernenden ein vorstrukturiertes Arbeitsblatt mit einer Wertetabelle und einem Koordinatensystem zur Verfügung gestellt. Um die verschiedenen Graphen in der Präsentationsphase besser unterscheiden zu können, verwenden die Gruppen unterschiedlich farbige Folienstifte.

Während dieser Arbeitsphase werde ich die Arbeit der Klasse beobachten und bei Schwierigkeiten beratend zur Seite stehen. Insgesamt erwarte ich jedoch, dass die SuS die Anforderungen dieser Unterrichtsphase hinreichend selbstständig lösen können. Sollte es einzelnen leistungsstärkeren Gruppen gelingen diese Aufgabe vor der zu Verfügung stehenden Zeit zu lösen, werde ich den SuS eine Zusatzaufgabe stellen, wo sie u.a. die Bedeutung der Rückprallhöhe im Sport diskutieren sollen.

In der anschließenden Ergebnissicherung stellen ein bis zwei Gruppen ihre Ergebnisse anhand ihrer Folie und unter Verwendung des OHP vor. Diese Form der Präsentation soll gewährleisten, dass die Arbeit der Gruppen gewürdigt wird und eine hohe Schüleraktivierung resultiert. Ich nehme parallel die Rolle des Moderators ein. Im Anschluss wird im Rahmen eines Lehrer-Schüler-Gesprächs das Kernanliegen der Stunde herausgearbeitet. Die Schüler sollen anhand der Wachstumsrate, des Wachstumsfaktors sowie unter Einbeziehung ihrer Zeichnung erkennen, dass das durchgeführte Experiment einen exponentiellen Zerfallsprozess beschreibt. Darin wird das Minimalziel der Stunde gesehen.

---

[7] Je zwei Schülergruppen erhalten Gummibälle mit ähnlichen Sprungeigenschaften.
[8] Trotz zeitintensiver Recherche konnte kein Eintrag zu dieser Thematik gefunden werden.

Anschließend werden die Ergebnisse der SuS mit Hilfe der Overlay Methode[9] in Form eines Lehrer-Schüler-Gesprächs miteinander verglichen. Auf diese Weise erkennen die Schüler, dass die getesteten Gummibälle unterschiedliche Sprungeigenschaften aufweisen. Die Lernenden werden somit in die Lage versetzt erste Vermutungen zur eingangs formulierten Fragestellung abzugeben.

In der daran anschließenden zweiten Erarbeitungsphase stellen die SuS die Funktionsgleichung für den dargestellten Zerfallsprozess auf. Sollte es auch hier einzelnen leistungsstärkeren Gruppen gelingen diese Aufgabe vor Ablauf der Zeit zu lösen, steht ihnen die Aufgabe vier auf dem Arbeitsblatt zur weiteren Bearbeitung zur Verfügung.

In der zweiten Sicherungsphase erläutern und vergleichen die SuS die unterschiedlichen Funktionsgleichungen und nehmen abschließend Bezug zu der Fragestellung, ob die Spielzeugindustrie Etikettenschwindel betreibt, sowie zu der These, dass der Flummi vom Aussterben bedroht ist.

Eine kurze Zusammenfassung über die Exponentialfunktion und eine Hausaufgabe wird am Ende der Stunde als Kopie verteilt.

4 Literatur:

Hessisches Kultusministerium – Lehrplan Mathematik für das Gymnasium (G9), S. 38

Hessisches Kultusministerium – Lehrplan Mathematik für das Gymnasium (G9), S. 47 - 49

Hessisches Kultusministerium – Bildungsstandards Mathematik

Krüge R.:   Projekt *„Lernen durch Lehren"*. Schüler als Tutoren von Mitschülern, Klinkhardt, Bad Heilbronn 1975

Leuders T.: Mathematik Didaktik, Praxishandbuch für die Sek. I und II., Cornelsen 2011, S. 185 - 187

---

[9] Die Folien der einzelnen Schülergruppen werden übereinander gelegt und somit besser vergleichbar gemacht.

Anhang:

Der Flummi - das Spielzeug der 1970er Jahre – vom Aussterben bedroht?

Der Flummi ist ein spezieller Gummiball aus einer massiven, mittelharten Gummimischung. Das Mischungsverhältnis verleiht den Bällen eine geringe Elastizität und zugleich eine hohe Sprungkraft, ähnlich den Bällen beim Basketball. Sie geben ihre kinetische Energie nur wenig an die Aufprallfläche ab und behalten dadurch die Schnellkraft.

Ob ein solcher Gummiball in den 70er Jahren, den Namen „Flummi" oder „SuperBall" tragen durfte, war von der Rücksprunghöhe abhängig.

Damaliges Testkriterium für Gummibälle:

Der Ball wird aus einer Höhe von 4 m fallengelassen. Bei einer Raumtemperatur von ca. 20° C muss der Ball gleichmäßig abspringen. Die Rücksprunghöhe ist entscheidend für die Klassifizierung des getesteten Gummiballs.

	Ausschuss	Flummi	SuperBall
bei ca. 20°C	Höchstens 110cm	111 - 125	126-155

Frage:

Noch immer finden sich in den Regalen der Spielwarenabteilungen kleinere und größere elastische Gummikugeln mit der Aufschrift „Flummi" oder „Superball". Erfüllen diese auch nach wie vor die in den 70er Jahren aufgestellten Qualitätskriterien, oder liegt hier ein Etikettenschwindel vor?

Das Flummiexperiment

Nehmt den Gummiball von eurem Tisch und lasst ihn aus zwei Metern Höhe senkrecht nach unten fallen. Nach seinem Aufprall auf dem Boden steigt er ein erstes Mal nach oben, wobei er seine Rückprallhöhe erreicht, die unterhalb der Zwei-Meter-Marke liegt. Er beginnt erneut zu fallen, prallt ein zweites Mal auf und steigt ein zweites Mal nach oben usw.. Mit Hilfe des beiliegenden Zollstocks lässt sich die jeweilige Rückprallhöhe relativ gut messen. Messt jeweils am unteren Ende des Gummiballs.

Aufgaben:

1. Sammelt eure Daten zur Sprunghöhe des Gummiballs in der beigefügten Tabelle und stellt diese anschließend im Koordinatensystem graphisch dar.

2. Überlegt gemeinsam innerhalb eurer Gruppe, welche charakteristischen Merkmale ihr aus euren Ergebnissen ablesen könnt.

3. Stellt eine Funktion für die Abnahme der Sprunghöhe eures Gummiballs auf und beantwortet, unter Berücksichtigung eures Versuchsdurchlaufs, die eingangs aufgeworfene Fragestellung.

4. Welche Sprunghöhe erreicht der Ball nach dem 1. Aufprall, wenn die anfängliche Höhe 1,7 m beträgt?

Rollenverteilung während der Gruppenarbeitsphase:

Versuchsdurchführung: _____

Protokollant: _____

Zeitwächter: _____

Informant: _____

Auswertung des Flummiexperiments

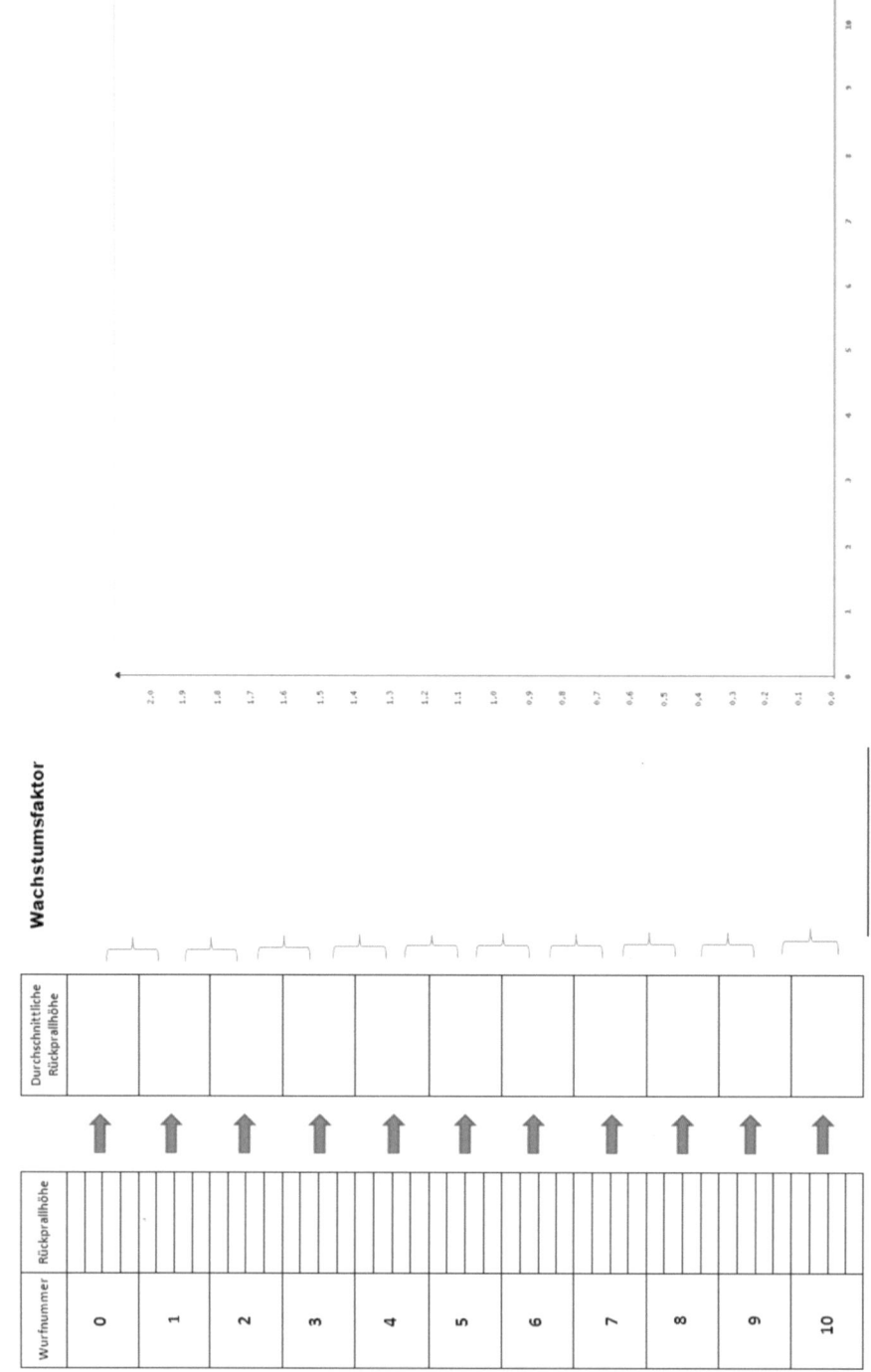

BEI GRIN MACHT SICH IHR WISSEN BEZAHLT

- Wir veröffentlichen Ihre Hausarbeit, Bachelor- und Masterarbeit

- Ihr eigenes eBook und Buch - weltweit in allen wichtigen Shops

- Verdienen Sie an jedem Verkauf

Jetzt bei www.GRIN.com hochladen und kostenlos publizieren